BIBLIOTHÈQUE L. CURMER.

ENSEIGNEMENT UNIVERSEL.

LEÇONS ÉLÉMENTAIRES

DE

SCIENCES NATURELLES

APPLIQUÉES

A L'HYGIÈNE,

PAR

M. Emm. LE MAOUT,

Docteur en Médecine.

Cours autorisé par M. le MINISTRE DE L'INSTRUCTION PUBLIQUE.

Adopté par l'Association pour l'Éducation populaire.

10 centimes.

PARIS.

DE L. CURMER,

eu , 47, AU PREMIER.

1850   (5ᵉ Leçon.)

ASSOCIATION
POUR L'ÉDUCATION POPULAIRE.

L'Association pour l'éducation populaire a pour but de contribuer au développement de l'éducation et de l'instruction du peuple. Elle se propose, pour y arriver, d'employer les moyens suivants :

Provoquer la composition ou la traduction de traités élémentaires des sciences les plus utiles, de manuels technologiques, de récits moraux et instructifs, de traités des devoirs et des droits des citoyens ;

Appeler des dons et des souscriptions, et en employer le montant à la distribution gratuite de livres spéciaux dans les ateliers, dans les établissements agricoles, les écoles régimentaires, aux convalescents des hôpitaux civils et militaires, aux détenus, et aussi dans les écoles primaires et les ouvroirs ;

Publier des programmes d'ouvrages destinés à réaliser ses vues, et décerner des prix aux auteurs qui auront le mieux rempli les conditions de ces programmes ;

Encourager la formation de bibliothèques communales ;

Lutter contre le colportage des mauvais livres et y substituer la distribution des livres adoptés par l'Association, en donnant des primes aux colporteurs ;

Établir des correspondances avec les maires des communes, les ministres de tous les cultes, les instituteurs primaires, les associations religieuses et charitables :

Provoquer l'établissement de comités dans les départements et la formation de sociétés de dames, qui distribueront les livres dont l'Association aura la disposition.

L'Association appelle le concours de collaborateurs dont les mille premiers recevront le titre d'*associés fondateurs.* Une cotisation mensuelle de QUATRE FRANCS sera payée par eux, et leur donnera droit à la remise gratuite de *quarante petits volumes du prix de dix centimes,* qu'ils distribueront selon leur volonté.

L'Association admet en outre tous les dons et souscriptions qui lui sont adressés, et dont l'emploi a lieu en distributions gratuites des ouvrages approuvés par elle.

Les adhésions et souscriptions doivent être envoyées *franco* à l'AGENT GÉNÉRAL DE L'ASSOCIATION, rue Richelieu, 47 (ancien 49).

Paris. — Imprimerie de RIGNOUX, rue Monsieur-le-Prince, 29 bis.

BIBLIOTHÈQUE L. CURMER.

ENSEIGNEMENT UNIVERSEL

LEÇONS ÉLÉMENTAIRES

DE

SCIENCES NATURELLES

APPLIQUÉES A

L'HYGIÈNE,

PAR

M. Emm. LE MAOUT,

Docteur en Médecine.

La Science est l'amie de tous.

PLATON.

CINQUIÈME LEÇON.

FEU GRISOU, — LAMPE DE SURETÉ.

PARIS.

L. CURMER,

Rue de Richelieu, 47, AU PREMIER.

1850

ASSOCIATION
POUR L'ÉDUCATION POPULAIRE.

L'Association pour l'éducation populaire, sur le rapport de son comité de rédaction, approuve l'impression de l'ouvrage intitulé **Leçons Élémentaires de Sciences Naturelles** appliquées a l'Hygiène, par M. Emm. Le Maout, Cinquième leçon : *Feu grisou, Lampe de sûreté.*

Paris, le 1er Mars 1850.

> *Le Vice-Président,*
> D'ALBERT DE LUYNES.

Pour ampliation :

BLOCK,

Secrétaire général.

La **Bibliothèque L. Curmer** est destinée à enserrer dans un vaste réseau de publications *tout* ce qui touche à l'**Enseignement universel**, à l'**Enseignement moral** et à l'**Enseignement élémentaire**. Sous le premier titre, elle abordera toutes les questions qui dérivent de la Constitution ; sous le deuxième, elle comprendra une série d'histoires et de récits instructifs et amusants ; sous le troisième, elle donnera des notions de toutes les sciences.

Elle fait un appel à l'*intelligence*, en la conviant à répandre ses bienfaits sur tous ceux qui ont besoin d'apprendre ; à la *richesse*, en l'engageant à populariser ces petits écrits et à les distribuer avec la profusion qu'ils méritent par leur but et leur importance ; aux *travailleurs*, en leur offrant un moyen sûr et peu dispendieux d'acquérir sans peine toutes les connaissances qui forment l'homme et le citoyen.

Ces petites publications coûteront 10, 20, 30, 40 et 50 centimes, selon le nombre de feuilles de 32 pages, et celui des gravures qui serviront à l'explication du texte.

FEU GRISOU.

LAMPE DE SURETÉ.

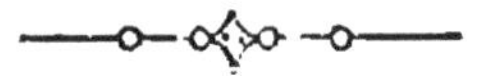

Vous avez vu, dans notre précédente Leçon, le Charbon de terre obéir à l'industrie humaine, et lui fournir, séparément, des sources abondantes de lumière et de chaleur ; mais de si utiles services ne sont point obtenus gratuitement par l'homme : la conquête de ces trésors, qu'il faut arracher aux entrailles du globe, n'est pas seulement laborieuse, elle est encore accompagnée de terribles dangers.

Transportons-nous, par la pensée, dans ces immenses cités souterraines, que des milliers de mineurs habitent pendant les deux tiers de leur vie. Le puits principal de la mine vient s'évaser dans une grande salle voûtée ; cette salle est le carrefour central où aboutissent de vastes galeries, assez hautes pour qu'un homme puisse s'y tenir debout, assez larges pour le passage d'un chariot attelé d'un ou de plusieurs chevaux. De ces galeries partent, en se ramifiant dans toutes les directions, d'innombrables et tortueux couloirs : on n'y peut marcher que courbé en deux : il en coûterait trop de les percer plus spacieux ; pour les parcourir, on s'aide d'une sorte de béquille courte et large, sans le secours de laquelle l'échine la plus robuste serait vaincue au bout d'un quart d'heure. Aux extrémités et sur les côtés de ces galeries, les mineurs travaillent à détacher, en blocs, la houille, que d'autres ramassent et chargent dans de petites voitures de tôle à roues en fer ; ces voitures sont poussées jusqu'aux galeries principales, où l'on charge la houille sur de grands chariots, que des chevaux conduisent sous l'ouverture du puits d'extraction.

Une foule d'enfants, de six ans et au-dessus, ramassent les débris, et les transportent dans des chariots proportionnés à leur force, en sorte que rien n'est perdu.

Tout ce monde travaille presque dans les ténèbres, on ne peut distinguer les travailleurs, même à quelques mètres de distance ; on ne voit marcher qu'une lueur pâle et terne ; les voix sont dominées par le roulement des chariots et le cliquetis des chaînes qui servent à les traîner. Tout cela, dit un minéralogiste (1) à qui j'emprunte ces

(1) Entretiens sur la Minéralogie, par Ysabeau.

détails, présente à l'esprit l'idée d'un séjour infernal ; ces sombres demeures sont habitées par de pauvres houilleurs, laborieux et patients, dont la condition infortunée impose à tous les cœurs sensibles un tribut de sympathie et de pitié.

Il n'y a pas d'existence plus pénible que celle du houilleur ; il n'y en a pas qui soit exposée à plus de dangers. Je ne parle pas des chutes horribles qu'ils ont sans cesse à éviter, quand ils descendent ou montent le long de leurs échelles verticales, suspendus au dessus de l'abîme, où un vertige, une crampe, une distraction peut à chaque instant les précipiter. Je ne parle pas de l'asphyxie qui les menace dans l'atmosphère viciée des mines. Les catastrophes les plus fréquentes qu'ils ont à redouter sont les inondations, les éboulements, et surtout les explosions.

Les *inondations* sont produites par le voisinage d'anciennes galeries abandonnées, dont on ignore la position, et dont il est par conséquent impossible de prévoir le voisinage. La sonde, que l'on fait avancer en tous sens dans les couches à exploiter, n'avertit pas toujours : un fatal coup de sonde suffit pour donner passage à l'eau qui ne tarde pas à agrandir le trou, et inonde rapidement toutes les galeries : les mineurs fuient épouvantés devant cette marée souterraine qui les poursuit, et qui trop souvent arrive avant eux à l'échelle du puits de sortie.

Les *éboulements* isolent quelquefois des ouvriers dans une galerie; là, séparés de tout secours humain par d'énormes blocs de rochers, ils attendent la mort la plus horrible, la mort solitaire, la mort dans les ténèbres, la mort que leur apportent lentement la faim, la soif et l'asphyxie. Toute l'Europe admira, en 1812, et les poètes ont chanté le dévoûment de Goffin, ce mineur intrépide, qui, échappé à un éboulement, ayant déjà un pied dans le bac pour remonter, partagea volontairement, avec son fils âgé de douze ans, le sort de ses soixante-douze compagnons, les encouragea pendant trois mortels jours, et fut sauvé avec eux. L'Empereur lui donna la croix.

Venons maintenant au plus terrible des dangers qui menacent les mineurs, c'est-à-dire aux *explosions*.

Des fissures de la houille il se dégage, dans certaines mines, un courant de gaz Hydrogène carboné, qui fait entendre un petit bruissement, un léger pétillement; ce gaz sort quelquefois en telle abondance (700 litres par minute) qu'on peut, au moyen de boyaux de cuir, le conduire au dehors ; ces courants, très sensibles à la main, sont nommés *souffleurs;* ils durent des jours, des mois, des années.

Les mineurs voient voltiger dans l'intérieur de la mine des vapeurs déliées, formant des filaments blanchâtres, semblables à des toiles d'araignées, et s'accumulant dans les parties les plus élevées de la galerie ; ils les saisissent au passage, les brisent entre leurs mains et croient le danger passé, mais ce danger n'est qu'ajourné : en divisant ces vapeurs ils les ont éparpillées dans l'air, et la catastrophe est retardée jusqu'à ce que l'atmosphère ait reçu assez de gaz inflammatoire pour constituer un mélange propre à la détonation. Dès que ce mélange est formé, les mineurs s'aperçoivent tout à coup que la flamme de leur lanterne change d'aspect, ils remarquent à sa pointe un élargissement extraordinaire d'une couleur bleue qui devient de plus en plus foncée ; aussitôt ils se jettent à plat ventre, et regagnent en rampant les parties basses de la galerie qui sont encore saines ; mais souvent ils n'en ont pas le temps : une effroyable détonation se fait entendre, et un tourbillon d'air enflammé, d'une force incalculable, balayant tout sur son passage, lance hommes et chevaux contre les parois des galeries embrasées, ou les écrase sous le poids des masses de houille détachées par la commotion. Des puits de la mine, comme du cratère d'un volcan en éruption, sont lancées des colonnes de poussière, de pierres, de poutres et de débris humains.

Voilà ce que les mineurs appellent *feu terrou*, *feu brisou*, *feu grisou*, *feu sauvage*.

Vous comprendrez facilement ce phénomène, si, comme le célèbre Cavendish, vous faites dans un flacon un mélange gazeux des deux éléments de l'Eau, c'est-à-dire de deux volumes d'Hydrogène et d'un volume d'Oxygène.

Si de ce flacon, tenu horizontalement, et débouché, vous approchez aussitôt la flamme d'une bougie, il se formera une étincelle dans le vase, et une explosion se fera entendre; ce bruit provient de ce que l'Eau, résultant de la combinaison subite des deux Gaz, s'échauffe et se dilate énormément, mais se refroidit à l'instant même, et donne lieu ainsi à un vide, dans lequel l'Air extérieur se précipite avec impétuosité. Aussi, pour prévenir tout accident, est-il prudent d'expérimenter dans un petit vase, entouré fortement d'un linge.

Maintenant, multipliez par des millions, et le mélange détonant, et la cavité où il s'enflamme, et la force du courant d'air qui vient s'y engouffrer et tourbillonner, vous aurez une idée du feu *grisou*. Ici, l'Hydrogène carboné, par sa combinaison avec l'Oxygène de l'Air, donne lieu à une formation subite d'Eau et d'Acide carbonique, qui, se condensant immédiatement, produisent un vide immense, que l'Air extérieur vient remplir avec la rapidité de la foudre.

Toutes les houillères sont plus ou moins exposées au feu grisou ; mais nulle part on n'a eu plus de catastrophes à déplorer qu'en Angleterre.

Toutes les sources d'Hydrogène carboné semblent s'unir, dit un écrivain anglais, dans les profondes et précieuses houillères qui s'étendent entre la grande route du Nord et la mer ; leurs galeries n'ont pas moins de trente et quarante milles de longueur (10 à 13 lieues), et là, comme on peut penser, l'espace est ouvert aux plus terribles explosions. Souvent d'anciens travaux, abandonnés, ont été retrouvés remplis de ce Gaz, qui, mêlé à l'Air ordinaire, fait de toute la mine un réservoir de *grisou*. Il suffit de l'approche d'une chandelle pour qu'il s'allume aussitôt.

L'explosion n'est pas le seul danger qui accompagne la combinaison du gaz houiller avec l'Oxygène : il y a formation d'une énorme quantité d'acide carbonique ; et par le fait même de l'explosion, et par l'incendie qui en résulte. Les mineurs qui ont été à l'abri du coup du vent, sont suffoqués par le gaz non respirable qui remplit la mine. C'est ce qui arriva, en 1812, dans la houillère du Horlot, près Liége, où soixante-huit hommes qui avaient échappé à l'explosion, ne purent échapper à l'asphyxie.

Nous allons raconter brièvement le désastre arrivé, en 1812, à la houillère de *Felling*, près de Sunderland, dans le comté de Durham ; ce désastre ayant provoqué la recherche et la découverte de la *lampe de sûreté*, doit servir de prologue à l'histoire de cette lampe merveilleuse.

La houillère de Felling, dit l'écrivain anglais dont nous consultons la relation, était regardée comme un modèle, sous le rapport de l'*aérage* et du mécanisme d'extraction. Il n'y était jamais arrivé d'autre accident qu'une légère explosion, qui avait blessé deux ou trois hommes. Deux postes de soixante-cinq mineurs y étaient constamment occupés, chacun pendant sept heures, le premier descendait à quatre heures du matin, et était relevé à onze ; mais telle était la confiance des ouvriers, que le second poste était souvent à l'ouvrage avant que le premier se fût retiré, et c'est ce qui arriva en cette malheureuse occasion.

Le **25** mai, vers onze heures et demie, une sourde détonation vint frapper d'effroi les villages voisins de la mine. Une légère secousse, semblable à celle d'un tremblement de terre, se fit sentir à un demi-mille à la ronde, et le bruit fut entendu dans un rayon de plus d'une lieue, pareil à une lointaine décharge de mousqueterie. Au même instant, le principal puits de sortie, nommé le *John-pit* (puits de Jean), qui n'avait pas moins de 600 pieds de profondeur, donna passage à deux énormes jets de poussière et de fragments de houille ; une semblable décharge partit presque aussitôt du second puits, le *William-pit* (puits de Guillaume). Les matières vomies par ces puits s'élevèrent à une grande hauteur, sous la forme d'une immense pyramide à sommet renversé, qui retomba à plus d'une demi-lieue de la mine, et couvrit les campagnes de charbon.

A ce funeste signal, les femmes et les enfants des mineurs accoururent de tous les environs vers la mine ; le rassemblement se grossit rapidement, et bientôt un long cri de désespoir s'éleva dans les airs.

A midi, les paniers ou *beines*, qui remplaçaient les échelles pour l'entrée et la sortie des ouvriers, avaient ramené à la lumière trente-deux mineurs, parmi lesquels trois enfants, qui expirèrent quelques heures après. Les paniers redescendirent au fond de l'abîme, mais ils remontèrent à vide. La terreur des familles augmentait à chaque minute. A midi un quart, neuf travailleurs descendirent par le *John-pit*, bien qu'avec peu d'espoir ; mais ils n'emportèrent pas de lanternes, de peur du *grisou*, et ils s'éclairèrent avec des briquets d'acier. Ces briquets sont des sortes de cresselles, dans lesquelles une roue d'acier, en frottant contre la pierre à fusil, lance des étincelles qui éclairent faiblement, sans allumer le grisou.

Ces hommes intrépides s'efforcèrent de pénétrer dans la galerie où ils savaient que leurs camarades avaient dû être surpris par l'explosion ; mais leur marche fut bientôt arrêtée par la vapeur suffocante du gaz Acide carbonique ; les étincelles de leurs briquets tombaient dans cet air comme des gouttes de sang noir. Privés de lumière, et à demi suffoqués dans cette atmosphère impure, ils hésitaient encore à revenir sur leurs pas vers le puits ; bientôt une épaisse fumée s'éleva comme un mur devant eux : les briquets devenaient complétement inutiles au sein de ces ténèbres palpables, et l'espérance de retrouver un seul de leurs compagnons vivant était complétement perdue. La fumée révélait l'incendie de la mine, et l'incendie menaçait d'une nouvelle explosion. La mort devenait imminente de minute en minute; ces généreux ouvriers durent s'abstenir d'un sacrifice inutile.

A deux heures, cinq d'entre eux remontèrent; deux étaient encore dans le bac, et les deux autres au fond du puits, lorsqu'une seconde explosion, beaucoup moins forte, il est vrai, que la première, vint redoubler les pleurs des femmes et des enfants. Les hommes qui étaient dans le bac n'éprouvèrent pas grand mal de cette éruption d'air et de poussière ; quant à ceux qui étaient en bas, aussitôt qu'ils avaient entendu le grondement lointain, ils s'étaient jetés à plat-ventre, et s'accrochant à un fort appui de bois, ils en avaient été quittes pour se sentir ballotés en tous sens par l'ouragan souterrain, comme un batelet par les flots de la mer. Aussitôt que le courant d'air extérieur, par le puits, fut rétabli, ils furent hissés, sains et saufs.

A leur retour, ils eurent à répondre aux ardentes questions des familles ; mais ils ne leur donnèrent aucun espoir. La seconde explosion était décisive ; toutefois, le découragement de la foule fut de courte durée : le cœur de l'homme n'accepte pas le désespoir sans lutter contre la raison, jusqu'au delà de l'évidence ; on persista à croire au salut que l'on désirait ; on accusa les héroïques mineurs qui avaient descendu, de manquer de courage, ou d'être payés par les propriétaires de la mine pour exagérer le danger et faire renoncer aux tentatives de sauvetage. Enfin, quand les propriétaires annoncèrent qu'il fallait fermer à l'air extérieur l'accès de la mine pour y éteindre le feu, la foule reçut ces paroles comme une proposition de meurtre. La mine resta donc ouverte toute la nuit, et toute la nuit les pauvres veuves veillèrent à l'embouchure des puits, prêtant l'oreille aux cris d'un mari ou d'un fils. Le lendemain, des milliers de houilleurs, accourus des mines voisines, s'assemblèrent autour du puits, accusant à haute voix les directeurs d'avoir renoncé trop vite à porter secours. Toutefois, pas un des parleurs les plus aventureux n'osa hasarder une descente dans la caverne brûlante. Les propriétaires déclarèrent que s'il était ouvert quelque avis pour le salut des mineurs, ils n'épargneraient ni peines ni dépenses pour aider au succès de l'entreprise, et que si quelqu'un consentait à entrer dans la mine, il recevrait tout le secours possible; mais ils ajoutaient que, dans leur conviction, la mine étant inaccessible, ils ne pouvaient proposer de récompense, ne voulant, par cette excitation, être complices de la mort de personne.

Cependant, aux cris du peuple, deux hommes descendirent encore une fois; mais cette témérité faillit leur coûter la vie. Leur récit acheva de convaincre la foule de l'impossibilité qu'il y avait à ce que les travailleurs eussent pu conserver la vie dans une atmosphère aussi délétère, et réconcilia tout le monde avec le projet de fermer la mine à l'air extérieur. Cette opération fut donc commencée et continuée sans interruption ; ce ne fut que le 8 juillet, c'est-à-dire quarante-quatre jours après la catastrophe, que la mine fut rouverte et explorée.

Dès le matin de ce jour funèbre, les villages voisins accoururent à l'entrée de la mine ; les *postes* étaient au nombre de huit ; ils devaient se relever de quatre heures en quatre heures.

Lorsque le premier poste remonta, un

message fut envoyé à la ville pour y commander des cercueils. A la vue des charrettes qui les apportaient, les femmes et les enfants, qui étaient restés jusque-là dans leurs maisons, commencèrent à se réunir, entraînés par une curiosité délirante, et ils escortèrent les cercueils vides jusqu'à l'entrée de la mine.

Les cercueils furent posés au bord du puits, et l'on y déposa les cadavres, à mesure qu'ils étaient apportés par le bac.

Chaque famille s'était préparée à recevoir le corps de ses proches; mais les médecins déclarèrent que ce transport répandrait dans le pays une fièvre très dangereuse. Le premier cadavre retiré vint confirmer leur dire par son horrible état de putréfaction; on consentit donc à ce que chaque corps fût enterré au moment de son extraction, pourvu seulement que le convoi en son chemin passât devant la maison du défunt.

L'exploration dura soixante-dix jours, et chaque jour se renouvela la scène déchirante de mères et de veuves examinant, avec une avidité mêlée de terreur, les cadavres infects de leurs fils et de leurs maris; mais la plupart avaient été défigurés par le feu; les uns étaient desséchés comme s'ils eussent passé au four, d'autres étaient mis en pièces, quelques uns étaient sans tête. Bien peu purent être reconnus à d'autres signes que leurs vêtements, leurs souliers, leur couteau ou leur tabatière.

Quatre-vingt-douze mineurs avaient péri par cette affreuse explosion, quarante veuves et quatre-vingt-seize orphelins furent obligés de s'adresser à la charité publique.

Le désastre de Felling consterna toute l'Angleterre ; mais comme tout le monde jugeait le mal inévitable, on se contenta d'en gémir. Il se forma, toutefois, l'année suivante, une *Société* ayant pour objet spécial de *prévenir les accidents dans les houillères*. C'est à un avocat de Londres, M. Wilkinson, que revient la gloire de l'avoir fondée : elle fut bientôt honorée de la protection de hauts personnages. Cette société fit par elle-même fort peu de chose, et se vit pendant les deux premières années de son existence, réduite à publier les catastrophes qui devenaient de plus en plus fréquentes et redoutables. L'opinion publique vit avec estime, mais sans faveur, se fonder une association, dont le but lui paraissait chimérique, tant était enraciné dans les esprits, le préjugé qui établissait l'impossibilité de combattre le feu grisou.

Enfin, dans le mois d'août 1815, le docteur Gray, depuis évêque de Bristol, qui avait eu quelques relations avec le célèbre chimiste H. Davy, eut l'idée de lui écrire pour appeler son attention sur ce sujet.

Avant de vous exposer les conséquences de cette lettre providentielle, je dois vous donner quelques détails sur l'homme extraordinaire à qui elle fut adressée.

Il y avait dans la petite ville de Penzance, en Angleterre, vers les dernières années du dernier siècle, un jeune garçon apothicaire, doué d'une imagination poétique, qui devait se trouver bien à l'étroit entre les murailles d'un sombre laboratoire. Cet enfant avait lu *l'Iliade* d'Homère, et à 12 ans, il entreprenait un poème épique, dont le héros était *Diomède*. Aussi vaillant et plus vaillant, sans doute, que le fils de Tydée, Humphrey Davy, avait, non pas ébauché, mais achevé un chant tout entier. Le prosaïsme des onguents, des électuaires, des sirops, des sucs d'herbes, n'avait pas détruit ses illusions, et tandis qu'armé de la spatule et du pilon, il luttait avec la matière, son esprit franchissait l'enceinte de la pauvre officine, et planait sur les campagnes du Xanthe et du Simoïs. L'histoire ne dit pas combien de fois les onguents furent brûlés, les sirops caramélisés, les distillations évaporées, par suite de ce culte partagé entre Apollon dieu des vers, et Apollon dieu de la drogue; mais on peut croire que le maître apothicaire dut souvent, par des réprimandes ou des corrections, ramener sur la terre l'âme du poète, égarée dans les champs de l'infini.

La famille de Davy était pauvre; son père, ruiné par l'exploitation d'une ferme qu'il avait prise à des conditions onéreuses, s'était retiré à Penzance, et y exerçait la profession de charpentier; sa mère louait des chambres meublées aux voyageurs. Un jour le célèbre constructeur de machines, James Watt, vint à Penzance, et prit un logement chez la mère de Davy. Au nom d'un si grand homme, l'imagination du jeune Davy s'exalte, il brûle d'entrer en communication avec son nouveau locataire; mais où trouver les éléments d'une conversation qui puisse le mettre en rapport avec le plus savant ingénieur de son siècle? Watt se soucie fort peu de l'*Iliade*, Humphrey n'a jamais construit de machines; quel langage intermédiaire emploiera-t-il pour lier la poésie à la mécanique? Le hasard le fait tomber sur le *Traité de Chimie*, de Lavoisier; il croit avoir rencontré ce qu'il cherche, passe deux jours et deux nuits à dévorer le livre, l'apprend par cœur, et va se présenter à James Watt.

Quelques jours après, Humphrey Davy, chaudement recommandé par Watt au docteur Beddoes, de Bristol, recevait de celui-ci une lettre qui le nommait surintendant d'une *institution médicale*, et mettait à sa disposition un laboratoire complet de chimie, avec les conditions matérielles les plus avantageuses. Davy accepta joyeusement, et voua désormais toutes ses facultés à la chimie.

La lecture de Lavoisier avait transformé ses idées, ou plutôt changé leur direction; à la place du monde idéal qu'il s'était créé, il ne voulut plus voir que le jeu merveilleux des combinaisons établies par la nature entre les molécules des corps; en un mot, le poète devînt chimiste, mais sa brillante et féconde imagination ne l'abandonna pas, et c'est à elle qu'il dut ses premiers succès sur le théâtre où le hasard l'avait appelé.

Deux ans après, Davy occupait à Londres la chaire de chimie d'un nouvel établissement scientifique, portant le nom d'*Institution royale de la Grande-Bretagne*, et destiné à vulgariser les sciences positives parmi les gens du monde. Il y acquit bientôt une grande célébrité; son élocution claire et facile, la chaleur de son débit, son style enrichi d'images brillantes et justes, attirèrent la plus haute société de l'Angleterre. Les poètes suivirent assidûment ses cours, pour y emprunter des métaphores nouvelles. Sa présence devint un complément obligé des soirées du grand monde.

En 1812, le Prince-Régent le créa chevalier, et le maria richement; il se trouva lancé dans l'aristocratie; mais au milieu de la faveur générale, il eut à essuyer quelques dédains, qui le dégoûtèrent profondément et de la science et de la société; à dater de son mariage, il ne s'occupa plus de chimie, que pour y trouver une distraction à son humeur mélancolique.

Ce n'est pas ici le lieu de vous entretenir des magnifiques travaux de Davy sur la Pile Voltaïque; j'y reviendrai dans nos leçons sur la physique; je n'ai à vous parler aujourd'hui que de la découverte qui fut provoquée par la lettre que lui écrivit le docteur Gray, en 1815, pour appeler son attention sur le feu grisou. Le cri de détresse qui demandait à la science le salut des pauvres mineurs parvint aux oreilles de Davy, dans le mois d'août, et deux mois plus tard, Davy avait inventé la *Lampe de sûreté.*

Il était en voyage, quand il reçut la lettre du docteur Gray; dès ce moment, la recherche proposée devint son idée fixe; il visita les mines de houille, et fit provision de nombreux échantillons de gaz houiller. Suivons avec attention les évolutions de son génie, ce sera pour nous un plaisir de l'âme autant que de l'esprit.

Il commença par analyser le gaz; il évalua exactement les proportions dans lesquelles le mélange de ce gaz avec l'Air détone plus ou moins fortement; il examina ensuite à quel degré de chaleur se fait la combustion, et selon quelles règles elle se propage.

Il s'assura que le gaz houiller (fire-damp) est un Hydrogène faiblement carboné, analogue au *gaz des marais;* que ce gaz ne fait pas explosion avec l'Air atmosphérique au delà ou en deçà de certaines proportions : si le gaz est mêlé à moins de six fois son volume d'Air, il n'y a pas assez d'Oxygène; si le gaz est mêlé à plus de quatorze fois son volume d'Air, il n'y a pas assez d'Hydrogène carboné pour constituer un mélange détonant.

Davy remarque en outre que les mélanges détonants du gaz houiller avec l'Air, demandent, pour faire explosion, plus de chaleur que les mélanges de gaz Hydrogène bicarboné.

Enfin il découvre que le gaz houiller, quelles que soient les proportions de son mélange avec l'Air atmosphérique, ne produit pas d'explosion dans un petit tube métallique dont le diamètre est de moins d'un huitième de pouce.

Là dessus, il construit une lanterne fermée sur les côtés à l'air extérieur, portant par le bas de petits tubes pour l'introduction de l'air, et d'autres au-dessus, en guise de cheminée, pour sa sortie. Une chandelle placée dans cette lanterne, brûle sans explosion au milieu d'un mélange détonant, et quand le gaz houiller surabonde dans ce mélange, elle s'éteint tranquillement.

En continuant ses expériences, il découvre qu'en diminuant le diamètre des tubes, il peut proportionnellement en diminuer la longueur, sans danger. Il s'assure enfin qu'il y a également *sûreté* à diminuer la longueur des tubes et à en augmenter le nombre, et que par conséquent la détonation est impossible avec un grand nombre de très petites ouvertures, pourvu que leur profondeur soit égale à leur diamètre.

Du raccourcissement progressif des tubes à l'emploi d'un crible métallique, il n'y avait qu'un pas; Davy met à l'épreuve des toiles de fil de laiton, et il reconnaît que les mélanges détonants ne peuvent détoner à travers leurs ouvertures.

Davy avait d'abord employé des tubes de verre, puis des tubes métalliques, et il avait constaté que les derniers s'opposaient au passage de la flamme beaucoup mieux que les premiers; il avait expliqué cette différence par la faculté qu'ont les métaux d'être *bons conducteurs* de la chaleur, c'est-à-dire de s'échauffer facilement.

Ceci le conduisit à penser que l'obstacle apporté par les tubes métalliques à l'explosion du mélange détonant, dépendait de leur *pouvoir refroidissant*, en d'autres termes, que le gaz houiller, demandant un haut degré de température pour s'enflammer, ne pouvait atteindre à ce degré, parce que les tubes ou le réseau métalliques lui enlevaient rapidement la chaleur, et la maintenaient au dessous du point où son inflammation est possible.

Dès lors le principe fondamental de la lampe de sûreté brilla de toute sa lumière dans l'esprit investigateur du chimiste anglais. Le problème qu'il s'était proposé était d'éclairer les mineurs, de manière à ce que le mélange détonant des houillères ne pût être

allumé par la flamme des lampes ; la solu-
tion de ce problème se réduisait à interposer
entre la flamme et le mélange détonant, des
surfaces refroidissantes, c'est-à-dire des surfaces métalliques, qui, s'échauffant rapidement, abaissaient d'autant la température
du gaz détonant, et l'empêchaient de faire
explosion.

Sa première lanterne, fermée sur les côtés
à l'air extérieur, lui était ouverte en bas et
en haut, pour son entrée et pour sa sortie,
par des orifices refroidissants, c'est-à-dire
d'abord par de petits tubes métalliques,
plus tard par les mailles d'un réseau de fer
ou de laiton. Cette lanterne était parfaite-
ment *de sûreté*, même dans l'atmosphère la
plus explosive ; mais lorsque la proportion
d'Hydrogène carboné augmentait, la flamme
s'éteignait, faute d'une quantité suffisante
d'Oxygène. Le génie de Davy sut la tenir
allumée, et non content d'avoir désarmé le
fire-damp, gardien formidable des houillères, qui semblait devoir en interdire la
possession aux hommes, il força cet ennemi
de se mettre au service du mineur.

Cette nouvelle victoire fut obtenue au
moyen d'un changement bien simple qu'il
fit subir à sa première lampe ; il construisit
la cage entière avec la toile métallique, qu'il

n'avait employée précédemment que pour le plafond et le plancher, et dans cette cage, ouverte de tous les côtés à l'air extérieur, le gaz houiller vint former avec l'oxygène une combinaison lumineuse ; la flamme bleue qui en résultait ne pouvait se propager au dehors, arrêtée par le réseau métallique qui la refroidissait. Il y avait bien réellement formation de feu grisou, mais ce feu grisou n'ayant pour théâtre que l'étroite enceinte de la cage qui l'emprisonnait, était réduit à un rôle inoffensif, et de plus devenait l'auxiliaire du mineur ; l'auxiliaire, à plus d'un titre, car si, d'une part, le grisou donne de la lumière, de l'autre, il indique l'état de l'atmosphère des galeries, et avertit les houilleurs du moment où ils doivent se retirer, comme vous l'allez comprendre tout-à-l'heure.

Davy détermina par des expériences ingénieuses le degré de finesse que doit avoir la toile métallique ; il s'assura qu'un tissu de fil de fer ayant un quarantième de pouce en épaisseur, et contenant 784 ouvertures par pouce carré, était *de sûreté*.

Cependant le génie de cet observateur admirable n'était pas encore satisfait. Sa lampe éclairait le mineur dans un air pur, et faisait en outre contribuer à l'éclairage le gaz houiller, naguère si destructif. Mais cet éclairage cessait, dès que l'oxygène était insuffisant pour la combustion du fire-damp; à ce moment, la lumière bleue s'éteignait après avoir baissé peu à peu, et le mineur, averti que l'air impropre à la combustion allait bientôt devenir impropre à la respiration, se hâtait de fuir, pour éviter l'asphyxie.

Un an après la découverte de la lampe de sûreté, Davy fit une lecture à la *Société royale de Londres*, où il annonça qu'il venait de trouver un moyen d'avoir de la lumière dans la lampe de sûreté, alors que ni l'huile, ni le fire-damp lui-même ne donnaient plus de flamme.

Davy s'étant livré à de nouvelles recherches depuis l'achèvement de sa lampe, avait été conduit à découvrir des combustions lentes sans feu apparent, c'est-à-dire sans lumière rouge ni blanche, et sans flamme, en un mot, des *combustions obscures*. Il remarqua que le *platine*, métal dont je vous ferai bientôt l'histoire, une fois chauffé jusqu'au rouge, et placé au milieu d'une vapeur inflammable, restait incandescent. L'expérience est facile et pleine d'intérêt : placez au-dessus de la mêche d'une lampe à alcool une spirale en fil de platine, allumez cette lampe de façon à chauffer la spirale au rouge,

puis éteignez la flamme en soufflant vive-
ment dessus et en évitant de diriger le courant d'air sur le métal : celui-ci reste indéfi-
niment incandescent. La vapeur qui se dégage de la mèche brûle au contact de la spirale de platine; celle-ci, chauffée par cette
combustion, reste incandescente, et cette
incandescence, provoquant par son voisinage
la vaporisation d'une nouvelle quantité d'alcool, devient ainsi *cause et effet* d'une formation constante de vapeur inflammable.

Davy appliqua aussitôt cette propriété du
platine au perfectionnement de sa découverte. Il introduisit dans sa lampe, et plaça
au-dessus de la mèche une petite cage de
fil de platine; et la lampe de sûreté, munie
de cette pièce supplémentaire, put, même
après s'être éteinte, donner de la lumière au
mineur. En effet, lorsque la flamme de la
mèche s'est éteinte, et que la flamme bleue
du grisou, faute d'une suffisante quantité
d'Oxygène, est éteinte à son tour, le platine
se montre incandescent et conserve cet état
au milieu du mélange d'Air et de gaz houiller, tant que ce mélange est respirable, c'est
à-dire jusqu'à ce qu'il forme les deux cin-
quièmes du volume de l'atmosphère. Mais
le mineur ne doit pas attendre ce moment,
et guidé par cette lumière, de troisième for-

mation, il se dirige vers les régions de la mine où l'Oxygène est plus abondant; là, le platine qui avait passé au rouge obscur, revient au rouge blanc; l'air, de plus en plus riche en Oxygène, rallume la grande flamme bleue du grisou, puis enfin la flamme de la mèche.

La gloire que Davy retira de sa découverte merveilleuse ne fut pas exempte d'amertume. Il y a des insulteurs à la suite de tous les triomphes : quelques envieux contestèrent ses droits à l'invention du principe de sûreté, mais l'envie est si malheureuse, que Davy aurait dû sourire de ses impuissantes chicanes, et se trouver assez vengé par la souffrance qui les avait excitées.

Toutefois la reconnaissance publique ne lui fit pas défaut. Une souscription fut ouverte dans tous les cantons houillers; chaque mineur voulut y apporter son modeste tribut. On pria Davy de désigner la nature du cadeau que devait payer cette souscription. Il répondit qu'il désirait qu'on lui achetât un *service*, sorte de médaille usuelle, dont il pût faire part à ses amis. Le 13 septembre 1817, les commissaires de la souscription lui présentèrent, au nom des pauvres houilleurs dont il avait préservé la vie, un superbe service d'argent. « Je désire, avait-il écrit aux souscripteurs, que l'assiette même dans laquelle je mangerai, réveille en moi le souvenir de votre libéralité, et me rende présent un événement qui fait l'une des plus heureuses époques de ma vie. » Le service d'argent fut inauguré dans un banquet où la santé de Davy fut portée « trois fois, trois fois, » comme si les Anglais, calculateurs jusque dans leur enthousiasme, eussent voulu l'exprimer en chiffres, en élevant au *carré* le nombre de leurs libations, et établir une proportion arithmétique entre une admiration ordinaire et celle que leur inspirait Davy. Davy, accablé de ces témoignages de joie et de reconnaissance, s'écriait « Vous vous abusez, Messieurs, sur mon mérite; mon succès vient de ce que j'ai suivi *le chemin de l'expérience et de l'induction*, découvert par les savants qui m'ont précédé: laissez-moi partager vos applaudissements avec les autres disciples de la science. »

Si vous avez suivi avec attention tous les faits relatifs au gaz houiller, vous comprendrez sans peine que la lampe de sûreté peut servir ailleurs que dans les houillères. Partout où il peut se former une atmosphère détonante, il faut isoler la flamme des lampes au moyen d'une enveloppe à surface refroidissante. Les fabriques et les magasins de liqueurs spiritueuses, d'essences de térébenthine, les usines au gaz, les localités où il est distribué, ont aussi à redouter leur *feu grisou*. Les *fuites* de gaz, résultant des fissures ou de la rupture des tuyaux, la négligence des consommateurs qui ferment mal les robinets, toutes ces circonstances peuvent donner lieu à des accidents terribles, analogues à ceux du fire-damp.

On peut aussi employer la lampe de sûreté ou du moins une lanterne ordinaire enveloppée d'une lame métallique, criblée de petites ouvertures, pour éviter les incendies dans les lieux contenant des matières combustibles, telles que le foin, la paille, le papier, etc.

Enfin les toiles métalliques ont été proposées pour empêcher les feux de cheminées : placées à l'entrée du tuyau des cheminées, elles arrêtent complètement les feux les plus intenses, il suffit de nettoyer tous les jours avec une brosse la toile métallique, et l'on est dispensé du ramonage.

Vous avez vu que le gaz houiller n'est pas respirable, il en est de même de tout gaz propre à l'éclairage ; l'Hydrogène carboné cause l'asphyxie, quelle que soit son origine, qu'il soit produit par la distillation de la houille ou qu'il vienne du suif, des graisses, ou des huiles. Une personne qu'une fuite de gaz surprend pendant son sommeil dans un local peu spacieux ou mal aéré, périt asphyxiée, comme si elle avait allumé dans la salle un fourneau de charbon. On cite plus d'un exemple de ce genre d'accidents. Un enfant de dix ans dormait un soir sur sa chaise dans une chambre de cabaret. Deux hommes, qui buvaient près de lui, l'entendirent ronfler, et ils s'amusèrent à lui mettre sous le nez une chandelle récemment éteinte. Dès que la mèche cessait de fumer, ils éteignaient une seconde chandelle, qui venait remplacer la première, qu'on rallumait aussitôt pour l'éteindre de nouveau et la substituer à la seconde. De cette manière, la vapeur de la mèche fut inspirée sans interruption par le malheureux enfant qui servait de jouet à ces brutaux. Leur divertissement dura dix minutes, et l'enfant ne se réveilla plus.

———

ERRATUM DE LA 2ᵉ LEÇON.

Page 19, ligne 3, *au lieu de* volumes d'Eau, *lisez* volumes des éléments de l'Eau.

Imp. Maulde et Renou, rue Bailleul, 9-11,   4427

OUVRAGES ADOPTÉS

PAR

L'ASSOCIATION POUR L'ÉDUCATION POPULAIRE.

18. — **Histoire de Marcillot**, par M. Clément **D'Elbhe**. ... 10 c.

19. — **Philippe le Batelier**, par le même. ... 10

2. — **Première lettre à mon ami Jacques. — Des Riches**, par M. Maurice **Block**, ... 10

20-21. — **Deuxième lettre à mon ami Jacques. — De l'Impôt**, par le même. ... 20

22-23. — **Troisième lettre à mon ami Jacques. — Le Budget**, par le même. ... 20

3-4. — **Manuel du Juré**, par M. **Baroche**, représentant du Peuple. ... 20

14-15.
16-17. } **Instruction civique des Français**, par M. **Amyot**, avocat à la cour d'appel de Paris. ... 40

24-25. — **Principes de Dessin linéaire et de Géométrie pratique**; par M. **Jacque**, directeur de l'école élémentaire de Châlon-sur-Saône. ... 20

26-27-28. — **Éléments d'histoire universelle**; par M. A. **Macé**, professeur d'histoire à la Faculté des lettres de Grenoble. ... 30

29-30. — **Devoir et Bonheur**; par M. **Ruck**, inspecteur de l'instruction primaire. ... 20

31-32. — **Bienfaits de l'épargne**, par Madame **Ruck**. ... 20

33-34. — **Histoire d'une rose**, écrite par elle-même; par M. Clém. d'Elbhe.   20 c.

35-36. — **Manuel des devoirs de la vie**, à l'usage de la jeunesse.   20

37-38. — **Jeanne Darc**, par M. Frédéric Lock.   20

39-40. — **Les petits auxiliaires du cultivateur**, par M. de Frarière.   20

100 à 110.—**Cours élémentaire d'agriculture pratique**, par M. Laureau, ancien maire de la ville d'Autun.   1 f. 10

Leçons de sciences naturelles appliquées à l'hygiène, par M. le docteur Emm. Le Maout.

50. — **Première leçon :** composition de l'air, utilité de l'air, combustion, respiration des animaux et des végétaux.   10

51. — **Deuxième leçon ;** nomenclature chimique, composition de l'eau, charbon, acide carbonique.   10

52. — **Troisième leçon :** corps simples non métalliques, ammoniaque, acides sulfurique, azotique et chlorhydrique.   10

53. — **Quatrième leçon :** hydrogène carboné, éclairage au gaz.   10

9 782014 441468